Anweisung

wie man

die schädliche Drehkrankheit

oder

das Segeln der Schaafe

in

den meisten Fällen, auf eine einfache und leichte Art glücklich und sicher heilen könne

von

Fr. Karl Gustav Gericke,

Pachtamtmann zu Heinde, und Mitglied verschiedener ökonomischen Gesellschaften.

Ein Nachtrag

zu dem ersten Bande der praktischen Anleitung zur Führung der Wirthschaftsgeschäfte für angehende Landwirthe.

[Zum Gebrauch für Schäfer, so wie für diejenigen, welche die praktische Anleitung rc. nicht besitzen, wird diese Schrift auch besonders verkauft.]

Mit einer Kupfertafel.

Berlin 1805.

Im Verlag der Realschulbuchhandlung.

Einleitung und Vorerinnerung.

Das Drehen, oder die Drehkrankheit der Schaafe, war von jeher eine zu häufige und zu allgemein verbreitete Krankheit dieser nützlichen Hausthiere, als daß nicht auf die Abwendung und Heilung dieses wirklich großen Uebels für Schäfereien hätte häufig gedacht werden sollen. Es konnte demnach wohl nicht fehlen, daß manche praktische Landwirthe, und auch wohl Thierärzte und andere helle Köpfe über die Ursachen dieser Krankheit nachdachten und forschten, und auf allerlei Mittel verfielen, wodurch sie entweder verhütet werden oder da, wo sie schon wirklich vorhanden wäre, geheilt werden könnte; daß folglich auch gedruckte Anleitungen zu deren Verhütung und Heilung herausgegeben, und darin minder oder mehr anwendbare Präservativ- und Heilmittel angezeigt, glückliche Heilungen bekannt gemacht, Versuche über die Anwendbarkeit und Wirksamkeit der vorgeschlagenen Mittel angestellt; die Mittel bald erprobt, bald unanwendbar und nicht zusagend gefunden, bald aber als zu unsicher, und die Mühe nicht hinlänglich belohnend angesehen wurden.

Auch ich hatte, während meiner 30jährigen ökonomischen Laufbahn, Gelegenheit genug, zu sehen, wie die sogenannten Dreher oder Seegler von unerfahrnen Schäfern und Verwaltern entweder gleich aufgegeben, oder aber auf eine wirklich sehr barbarische Art operirt und so behandelt wurden, daß sie während der Operation oder kurz nach derselben starben, und pflichtete deshalb sehr gern denjenigen praktischen Oekonomen bei, welche es für besser hielten, die drehenden Schaafe gleich zu schlachten, und auf diese Art doch noch einigermaßen zu benutzen, als die Thiere vergeblich zu quälen, und die Mühe der Operationen umsonst verwandt zu haben; weil ich die besseren Methoden, die Krankheit zu heilen, noch nicht kannte, die gewöhnlichen Operationen aber durch ihre Grausamkeit mein Gefühl empörten, und durch ihren schlechten Erfolg mir die Lust benahmen, weitere Versuche solcher Art anzustellen.

Erst dann, als ich selbst Pächter wurde, und mit dem gräflich von Metternichschen Gute zu Großen Lobke eine kleine Schäferei überkam, wo ich durch diese böse Krankheit, einen ansehnlichen Schaden erlitt, indem mir an derselben von 150 schönen Lämmern 50, mithin $\frac{1}{3}$ der Zuzucht starben, wurde der Wunsch gar lebhaft wieder in mir rege, Hulfsmittel dagegen aufzufinden. Recht eifrig bemühte ich mich daher, bessere Heilmittel, als die mir bis dahin bekannten, kennen zu lernen; allein meine Unbekanntschaft mit den über diese Krankheit bereits erschienenen vorzüglichen Abhandlungen hinderte mich, meinen Zweck zu erreichen, und die Schäfer kannte ich zu gut, als daß ich bei ihnen hätte Hülfe suchen sollen. Nothwendig mußte ich also mein Unglück, gleich andern, in Geduld ertragen.

Als ich jedoch, mit der Erpachtung des Reichsgräflich von Wallmodenschen Gutes zu Heinde, eine noch größere Schäferei erhielt, und besonders auf deren Veredlung sehr bedacht war, dabei aber das Unglück hatte, von 300 schon halb veredelten Lämmern 70 Stück durch die Drehkrankheit im Jahre 1801 zu verlieren, suchte ich von neuem, wiewohl vergeblich, Hülfe in veterinarischen Schriften, ja selbst bei dem sonst sehr geschickten fürstl. Thierarzte Sander; indem dieser, als redlicher Mann, aufrichtig gestand: über diese Krankheit und deren Heilung noch keine Erfahrungen gemacht zu haben. — Da sich indeß meine Kenntniß der ökonomischen Literatur erweitert hatte, ich folglich mit der Riemisch-Reutterschen ausführlichen Praktik des Veterinar-Trokarirens irrgehender Drehschaafe (Dresden und Leipzig 1791), und Finks Erfahrungen über die Kopfwassersucht der Schaafe, in dessen verm. Schriften über die Schaafzucht, Halle 1799, bekannt geworden war, ließ ich mir diese beiden Abhandlungen unverzüglich kommen.

Die erste derselben überzeugte mich, daß man zwar der Grundursache des Uebels wohl noch nicht recht auf die Spur gekommen sey, daß solches aber doch auch nicht für unheilbar zu halten seyn dürfte, und brachte mich auf den Gedanken, das Trokariren zu versuchen, und der eigentlichen Ursache der Krankheit weiter nachzuforschen; obgleich mich die letzte Schrift, durch die Bemerkung des Verfassers: „daß er alle Hoffnung aufgegeben „habe, die dummen Schaafe durch eine Radikal-„Kur, wieder zur Gesundheit zu bringen," beinahe von allen weiteren Versuchen zurückschreckte. Nur der Gedanke: daß man bereits gegen so viele Thier-Krankheiten sichere Heilmittel gefunden habe, und daß es mir selbst schon geglückt sey, einige, vorher für unheilbar gehaltene Thierkrankheiten völlig zu heilen, verbunden mit der Berechnung des Nutzens, den ich mir und andern durch die Entdeckung einer zuverläßigen Heilmethode verschaffen würde, so wie die Betrachtung, daß es schon ein beträchtlicher Vortheil seyn werde, das Leben der Kranken um ein Jahr zu verlängern, spornte mich zum Forschen und Nachdenken an.

Zu allererst suchte ich die entfernte Ursache des Uebels auszuspähen, und glaubte, sie in der oft unzeitig und mit zu derben Fäusten geleisteten Geburtshülfe der Schäfer gefunden zu haben; Ich nahm nämlich an, daß diese, durch das zu unsanfte Angreifen des Kopfes, bei dem Herabziehen des noch sehr zarten Lammes von der Mutter, die weiche und in der Mitte noch offne Hirnschaale zu sehr zusammendrückten, und deren einzelne Theile übereinander schöben, hierdurch aber, und durch das Eindrücken der weichen Hirnschale, Quetschungen einiger Stellen, die etwa vom Daumen getroffen würden, verursachten, und auf diese Weise den ersten Grund zu der bösen Krankheit legten.

Durch Erfahrung, Lectüre und Nachdenken belehrt, daß alle unzeitige Geburtshülfe schon an und für sich nichts tauge, untersagte ich nun alles Herabziehen der Lämmer von der Mutter auf das strengste, und befahl mich jedesmal bei einer schweren Geburt, wenn das Lämchen ohne Hülfe nicht zur Welt kommen könne, herbeirufen zu lassen; ließ auch genau Acht haben, ob meine Befehle gehörig befolgt würden.

Sobald mir nun von einer schweren Geburt Nachricht gegeben wurde, eilte ich hinzu und leistete entweder selbst die nöthige Hülfe, od r sahe doch dahin, daß sie von dem Schäfer auf eine möglichst glimpfliche Art geleistet wurde, damit dem zarten Köpfchen kein Schaden zugefügt werden möge.

Sehnsuchtsvoll harrte ich sodann der Zeit, wo das Drehen gewöhnlich einzutreten pflegt, um zu sehen, ob meine Vorsicht gefruchtet habe. — Sie kam heran, und alsbald fand sich auch eine nicht geringe Anzahl von Taumlern unter meinen Lämmern ein.

Immer noch überzeugt, daß meine Idee von der Krankheitsursache die richtige sey, bildete ich mir ein, daß die Schäfer, aus angenommener Neigung, noch immer ihre Hülfe heimlich geleistet haben könnten, änderte also meine Maaßregel ab, gab im folgenden Jahre wieder freie Erlaubniß, bei schweren Geburten zu Hülfe zu kommen, und machte nur zur strengsten Bedingung: daß jedes zur Welt geförderte Lamm sofort nach der Geburt gezeichnet werden sollte. — Mein braver und lehrbegieriger Schaafmeister befolgte die Vorschrift genau. Ich erhielt also eine ziemliche Anzahl gezeichneter Lämmer, und beobachtete di se sehr sorgfältig weil ich nun meine Lieblings-Meinung sicher bestätigt zu finden hoffte. Wie groß war jedoch meine Bestürzung und Beschämung! als ich sah, daß von den zur Welt geförderten Lämmchen nur eins, von den ohne Hülfe geworfenen aber eine ganze Menge in der Folge drehend wurden, und großen Theils starben. Es kam mir wirklich etwas sauer an, meine Hypothese aufzugeben, bis mich einst ein zufälliger Umstand dazu bewog, der mich hoffen ließ, einer richtigern Krankheits-Ursache auf die Spur gekommen zu seyn.

Ich sahe nämlich, bei einer zufälligen Anwesenheit im Schaafstalle, ein jähriges Schaaf niesen und ihm dabei einen Wurm aus der Nase fallen, der schwarzköpfig, übrigens gelblicht, etwa ½ Zoll lang, und einer Made, oder einem Mehlwurm ähnlich war.

Dieser Vorfall, verbunden mit der allgemeinen Hypothese: daß die Blasen im Gehirne, als die nächsten Krankheits-Ursachen, von Würmern veranlaßt würden, brachte mich auf den Gedanken: daß doch wohl irgend ein Insekt im Frühlinge, oder im Sommer unbemerkt den jungen Lämmern mit seinem Stachel, ein kleines unscheinbares Loch, durch die noch zarte Hirnschaale, insbesondre in der Gegend der sogenannten Fontanelle, bohren, und darin eins oder mehr Eierchen legen könne, woraus hernach die Würmchen entstünden, welche sich in der Folge die Wasserblase zu ihrem Aufenthalte formten. In diesen Gedanken wurde ich um so mehr bestärkt, da ich in der Riemisch-Reuterschen Abhandlung §. 41. die Idee von Wurmstoff, und §. 49. u. 50. die Angabe von Wurmblasen, und mit einem Hakenkranze versehenen Bandwürmchen, welche man in den Blasen gefunden haben wollte, ziemlich plausibel dargestellt fand, mithin aus Mangel der nöthigen anatomischen Kenntniß eines Schaafskopfes, und der gehörigen Kenntniß der Naturgeschichte, schloß: daß aus den Insekten-Eiern vermuthlich die Art Würmchen in dem Hirne entstünden, welche nachher bei Gelegenheit, durch das Niesen fortgingen, oder, wenn dieß nicht der Fall wäre, die Krankheit verursachten.

Recht sorgfältig ließ ich also, im nächsten Februar und März, vielen neugebohrnen Lämmern Stirn und Schläfe, und insbesondere die sogenannte Fontanelle, vor und bei dem Austreiben auf die Weide, fleißig mit Theer bestreichen, um durch den Geruch das feindselige Insekt abzuhalten, oder ihm in dem Theere seine Falle und seinen Tod zu bereiten; und bildete mir nicht wenig darauf ein, das wahre Mittel zur Verhütung des Uebels gefunden zu haben, obgleich ich, bei den vielen Kopf- und Hirnschädel-Oefnungen, die von mir bereits geschehen waren, niemals, weder in der Blase, noch über oder unter der weichen Hirnhaut, Würmer gesehen hatte, und mich leicht aus Finks Abhandlung S. 185 hätte überzeugen können, daß ich nicht auf dem rechten Wege sey.

Voll Furcht und Hoffnung erwartete ich die Zeit, wo die Krankheit gewöhnlich einzutreten pflegt. Sie kam, und alsobald wurde auch, eben wie bisher, eine Menge der geschmierten und nicht geschmierten Lämmer zu Seglern. Dieß schlug mich gewaltig nieder, weil es meiner Spähkraft eine derbe Maulschelle gab, und ich mich in der Folge überzeugte, daß durch das Niesen unmöglich Würmer aus dem Gehirn abgehen könnten, auch die im Hirne wirklich, oder nur in der Einbildung vorhandenen Würmer wohl von ganz anderer Natur, als die ausgenieseten Maden seyn müßten, und ohnehin bei den sorgfältigsten Untersuchungen, nie ein wahres Thierchen, oder Würmchen, in den von mir geöffneten Blasen fand. Durch die mißlungenen Heilungs-Versuche abgeschreckt, schrieb ich deshalb in meiner Anleitung zur Führung der Wirthschafts-Geschäfte, §. 161. n. 3. man solle den Seeglern das Absegeln aus der Welt erleichtern.

Dennoch aber setzte ich meine Beobachtungen, meine Bemühungen die wahre Krankheitsursache zu erforschen, und meine Versuche die Krankheit zu heilen fort, und war endlich so glücklich, eine meiner Meinung nach wahrscheinliche Grundursache der Krankheit, und eine einfache Behandlungs- und Heilungsart derselben auszumitteln, wodurch ich im vorigen und jetzigen Jahre einen ansehnlichen Theil meiner schönen Lämmer rettete, und welche ich daher dem ökonomischen Publikum nicht früh genug bekannt machen zu können, und den Besitzern des ersten Theils meiner praktischen Anleitung zur Führung der Wirthschaftsgeschäfte, zu dessen Vervollständigung, nachliefern zu müssen glaube.

Ich werde demnach in der folgenden Abhandlung

1) die Krankheit selbst genau zu bestimmen, deren mannigfaltige Namen und den verschiedenen Sitz derselben anzugeben, auch die von mir darüber gemachten Erfahrungen und beobachteten Erscheinungen treu darzulegen mich bemühen;

2) angeben, welche Lämmer vorzüglich von der Krankheit befallen, in welchem Alter und zu welcher Jahrszeit sie gewöhnlich erkranken; hierauf

3) die mir bis jetzt wahrscheinliche Entstehungs-Ursache der Krankheit anzeigen, und dabei darzuthun suchen, daß die bisher angegebenen Grund-Ursachen nicht wohl die richtigen seyn können; ferner

4) über die vorgeschlagenen Präservative und innerlichen Heilmittel des Uebels, so wie über deren Anwendbarkeit, meine Meinung freimüthig äußern; sodann

5) die Methode anzeigen, wie man den Sitz der Krankheit in vielen Fällen sicher erforschen, und bei vielen Patienten das Uebel, ohne zu künstliche Vorrichtungen und ohne viele Medikamente heilen könne; auch endlich

6) das einfache Operations-Instrument und dessen vorsichtigen und zweckmäßigen Ge-

brauch, mit möglichster Genauigkeit und Deutlichkeit, darzustellen trachten.

Nutzen durch mein Unternehmen zu stiften ist mein Hauptzweck, und deshalb habe ich diese Abhandlung besonders drucken lassen, damit sie allenfalls auch lehrbegierigen Schäfern nützlich werden könne. Ob ich diesen Zweck erreichen, ob ich für meine Bemühung Lob oder Tadel erndten werde, muß die Zeit lehren; jedoch glaube ich lieblosen Tadel um so weniger fürchten zu dürfen, da mein erster gutgemeinter Versuch in der Schriftstellerei so über alle meine Erwartung gütig aufgenommen worden ist, und die Materie selbst zu viel Interesse für Gutsbesitzer, Schäfereiberechtigte und Schäfer hat, als daß Versuche, welche mit Vorsicht und mit dem besten Willen angestellt, und deren Erfolge mit Aufrichtigkeit dargelegt wurden, nicht auf eine schonende Beurtheilung sollten Anspruch machen dürfen.

Erstes Kapitel.

Darstellung der Krankheit, ihrer verschiedenen deutschen Namen, ihrer Beschaffenheit und verschiedenen Grade, so wie der dabei vorkommenden Erscheinungen und gemachten Erfahrungen.

§. 1.

Genaue Beschreibung der Krankheit und Angabe ihrer mancherlei deutschen Namen.

Die Drehkrankheit der Schaafe ist ein Lokal-Uebel, eine Kopf-Krankheit, welche insbesondere die Lämmer in ihrem ersten Lebensjahre anfällt, und veranlaßt, daß die Leidenden entweder

1) nach einer oder der andern Seite mehrmals hintereinander im Kreise herumgehen, bei zunehmender Schwäche aber immer häufiger und mehrmals hintereinander, ja wohl hundert und mehrere Male ununterbrochen im Kreise umhertaumeln, bis sie am Ende sich niederlegen, oder auch niederfallen; oder daß sie

2) bei dem Aufstehen und auch wohl bei dem Gehen, mit dem Kopfe vorn überfallen, oder fallen zu wollen scheinen, mithin oft einige Zeit schneller gehen, um dem Fallen dadurch zuvorzukommen; oder aber

3) bei dem Gehen den Kopf zurücklegen und die Nase in die Höhe halten, ihn auch bald mehr nach der einen, bald mehr nach der andern Seite richten.

Im ersten Falle heißt die Krankheit, im engern und richtigern Sinne des Worts, das Drehen, und der Kranke ein Dreher, Drehling; im zweiten nennt man den Fehler das irrgehende Traben, und den Patienten einen Traber (Draber); und im dritten heißt das Uebel das irrgehende Segeln oder schlechthin Segeln, der Siechling aber ein Segler.

Im Allgemeinen heißt die Krankheit, nach Verschiedenheit der deutschen Provinzen und Staaten, das Drehen, Drehendwerden (irrig Dröhnigtwerden), die Drehkrankheit, das Dummseyn, Dummlichtwerden, Ringlicht-Elbischwerden, das Quesigtwerden, Irrgehen, Segeln, Wurflichtseyn, (wohl richtiger Wurfigseyn, vom häufigen Niederwerfen), das Taumeln und der Schwindel; am richtigsten aber die Kopfwassersucht, und am unrichtigsten die Tobsucht, indem der Kränkler ganz und gar nicht tobt. Die Kranken heißen Drehlinge, Dreher, Drehschaafe, Taumler,

ler, Segler, Ringler, und bei den Niedersächsischen Schäfern gemeiniglich Quesen-Köpfe (Quesenköppe), weil man die Blasen, welche das Uebel verursachen, nach der Aehnlichkeit der bei der Arbeit entstehenden Hautblasen, Quesen nennt. Am unrichtigsten nennt man sie aber Springer, da sie meistens nichts weniger thun, als springen.

§. 2.

Von der Beschaffenheit und den verschiedenen Graden des Übels, so wie von den dabei vorkommenden Erscheinungen.

Die Beschaffenheit der Krankheit ist nicht immer die nämliche, sondern sie ist in ihren Graden und Erscheinungen gar sehr verschieden. Der erste Anfang derselben zeigt sich dadurch, daß der Siechling, bei dem Heimkehren der aus dem Stall gelassenen Lämmer, oder Schaafe, zurückbleibt, und traurig einhergeht; daß er, wenn die gesunden rasch an die mit Futter versehenen Raufen, oder Hilten gehen, und begierig fressen, von dem Futter einige Zeit zurückbleibt, gleichsam in Gedanken steht, dann langsam zum Futter schleicht und furchtsam frißt, auch häufig zu fressen aufhört und wieder anfängt — Erster Grad der Krankheit, oder vorbedeutende Krankheits-Erscheinungen.

Sobald diese Anzeigen eintreten, kann man dreist schließen, daß die Kopfwassersucht im Entstehen sey; aber noch nicht wissen, ob der Patient ein Dreher, Traber oder Segler werden werde. Man muß also ruhig dem Gange des Uebels zusehen, und die weiteren Symptome erwarten.

Bei dem Zunehmen der Krankheit ermattet der Kränkler mehr, wird trauriger, hängt den Kopf, besonders bei dem Gehen, auf eine Seite, oder vorne nieder, oder aber hinten über, und trägt die Nase in die Höhe; je nachdem er, wie wir im vorigen § gesehen haben, ein Dreher, Traber oder Segler werden will — Zweiter Grad der Krankheit, wobei das Thier mehr vom Futter abläßt.

Späterhin, so wie das Siechthum, bei dem einen schneller, bei dem andern minderschnell, zunimmt, zeigen sich die im vorigen § unter 1, 2 und 3 angegebenen Zufälle, und nun ist die wahre und eigentliche Krankheit da, oder der 3te Grad; der jedoch wieder seine Abstufungen hat, welche theils von der körperlichen Beschaffenheit des Kränklers, theils von der Dauer der Krankheit abhängen. Bei diesem Grade frißt das Thierchen äußerst wenig, wird zusehends schwächer und stirbt in kürzerer oder längerer Zeit, wenn ihm nicht geholfen wird.

§. 3.

Mechanische oder unmittelbare und nächste Ursache dieser Erscheinungen.

Die nächste und gleichsam mechanische Ursache

dieser Erscheinungen findet sich in der am Gehirn oder in demselben, oder an dem Gehirnchen, (cerebellum) und dem verlängerten Rückenmark liegenden Blase (deren sich zuweilen auch mehrere, größere und kleinere finden,) die mit einem klaren Wasser angefüllt ist. Liegt nämlich die Blase an der rechten Seite des Gehirns, so geht das kranke Thier rechts, liegt sie auf der linken, so geht es links, und zwar anfangs weniger, nach und nach aber, so wie die Blase zunimmt, immer mehr und mehr, und am Ende fast unaufhörlich im Ringe oder Kreise herum, bis es ermattet zur Erde fällt, woher man es denn wohl mit Recht Dreher, Ringler, Ringläufer nennt. Im Stalle liegt das Thierchen mit dem Kopfe nach der Seite hingeneigt, auf welcher die Blase liegt.

Sitzt hingegen die Blase in dem Vordertheile des großen Gehirns oder Brägens, auf der einen Seite und nahe an der Mitte des Vorderkopfes, oder in der Stirn, so fällt der Kränkling bei dem Aufstehen vorn über, oder wenn er auf die Beine kommt, so läuft er schnell vorwärts, um gleichsam dem Kopfe das Gleichgewicht abzugewinnen. Daher der Name Traber. Im Stalle liegt er mit vorwärts gesenktem Haupte.

Ist endlich die Blase an dem kleinen Gehirn, oder in und unter dem großen, oder aber an dem verlängerten Rückenmark, so hält der Patient den Kopf bei dem Stehen hintenüber, und die Nase in die Höhe; steht in dieser Lage bald still, und läuft bald schneller, bald langsamer; daher der Name Segler. Im Stalle liegt er gewöhnlich mit vorwärts gebogenem Haupte, so daß er auf der Schnautze ruhet, und ist meistens ganz sinnlos.

Der ganz einfache Grund aller dieser Erscheinungen ist leicht einzusehen, und folgender: das Thierchen sucht die Lage des Kopfs so einzurichten, daß sich das Wasser in der Blase vom Hirn abwärts senke, und dadurch dessen Druck auf das Gehirn vermindert werde, und weil sich bei dem Stehen oder Gehen das Gleichgewicht des ganzen Körpers mit dieser, vielleicht unwillkührlichen Stellung nicht vertragen will, so entsteht das Drehen, Traben und Segeln wieder ganz natürlich. Die Dummheit, und am Ende die völlige Sinnlosigkeit, sind eine Folge des durch das Zunehmen des Wassers und der Blase immer heftiger werdenden Drucks auf die Gehirnmasse, wie es die Erfahrung in vielen Fällen auch bei Menschen lehrt, deren Gehirn irgend, mehr oder minder, gedrückt wird.

Sind mehrere Blasen zugleich da, oder liegt eine Blase zwischen der Gehirnmasse, oder unter solcher und unter dem Rückenmarke, so sind die Erscheinungen nicht so bestimmt; der Kopf hat keine feste Richtung, doch hängt die Lage desselben meistens von der Lage der größten Blase ab, und die Dummheit ist noch größer und artet schneller in Sinnlosigkeit aus.

Erste Bemerkung. Durch Oeffnung mehrerer 100 Drehlingsköpfe habe ich mich von der Richtigkeit der obigen Angaben, so wie davon überzeugt, daß nur gar selten mehrere Blasen zugleich vorhanden sind, und daß sie noch seltner zwischen oder unter der breiigten Masse des Gehirns liegen. Nie aber habe ich sie in dem kleinen Gehirne oder in dem verlängerten Rückenmarke gefunden, sondern immer daran liegend; auch habe ich nie Würmer in der Blase, wohl aber kleine halbrunde Erhöhungen in derselben bemerkt. Ich muß also den Finkschen Erfahrungen in diesem Stücke beipflichten, und den Riemisch-Reutterschen widersprechen, wenn diese §. 49 und 50 angeben: mehr in der Substanz und den Höhlen des großen Gehirns, als auf der Oberfläche desselben, ja gar in der Substanz des kleinen Gehirns Blasen, und in den Blasen Bandwürmchen mit einem Hakenkranze gefunden zu haben. Unter zehnmalen saßen gewiß neunmal die Blasen in der pia mater, und lagen, da bei den Lämmern unter der pia mater noch keine rindenartige Substanz (substantia corticalis) vorhanden ist, und sich solche erst im spätern Alter zu bilden scheint, auf der weichen Hirnmasse, gegen einmal, wo sie in der breiigten Masse (substantia medullaris) des großen Gehirns, und davon umgeben saßen; oder wo sie an dem kleinen Gehirn und dem Rückenmarke lagen.

Zweite Bemerk. Wenn Herr Riem im

49. §. s. Abh. sagt, daß gemeiniglich die Blase rechts liege, wenn das kranke Schaaf sich links drehe, und umgekehrt, so sollte mich dieß fast auf die Gedanken bringen, daß er selbst sehr wenig Beobachtungen angestellt, oder daß er beim Niederschreiben seiner Behauptung, gerade eine besondere Neigung gehabt habe allgemein bekannten Erfahrungen zu widersprechen; weil ich mir unmöglich vorstellen kann, daß er, indem er sich vor den Drehling hinstellte, die Richtung des Drehens nach der rechten oder linken Seite des Thiers, und die Lage der Blase nach seiner eignen rechten und linken Seite beurtheilt habe, oder umgekehrt bei der Beurtheilung zu Werke gegangen sey.

Dritte Bemerk. Wenn Hr. Fink, der sonst sehr richtig beobachtet, die Blase über der dura mater frei und beweglich liegend gefunden, und über dieser dura mater, jedoch unter der Hirnschale, Würmer will haben laufen sehen, so scheint er die dura mater, welche sehr dicht an der harten Hirnschale sitzet, und gleichsam die innere Glasur, oder eine innere glasurartige Bekleidung derselben ist, mit der substantia corticalis oder der rindenartigen, einer schwammigten, dem Leder ähnlich sehenden Substanz, die er in dem geöffneten Kopfe des 2jährigen Bocks vermuthlich vorfand, verwechselt zu haben. Bei den vielen von mir gleich nach der Tödtung, oder dem natürlichen Tode des Drehlings vorgenommenen Eröffnungen des Kopfes desselben habe ich nie Würmer in demselben gefunden. Vielleicht hatten die Köpfe, welche Hr. Fink öffnete, und worin er Würmer fand, noch einige Zeit an dem getödteten oder gestorbenen Thiere gesessen, als er sie öffnete, oder vielleicht hatten die Köpfe gar einige Zeit gelegen, nachdem sie abgeschnitten gewesen. In beiden Fällen läßt sich leicht begreifen, woher die Würmer kamen. Sie krochen nämlich entweder aus dem Leibe des Schaafes durch die untere im Tode des Thiers nicht mehr so sehr mit dem großen Rückenmark angefüllte Oeffnung des Kopfes, an selbigem in den Kopf hinein; weil sie der fauligte Geruch des so leicht in Fäulniß gehenden Gehirns anlockte; oder entstanden auf eine andere unbekannte Art daselbst. Dieß wird mir selbst aus seiner Angabe wahrscheinlich, vermöge selbiger ihn Schlächter, welche jedoch wohl selten Schaafsköpfe öffnen werden, versicherten, sie hätten die Art Würmer, die er leider zu beschreiben vergessen hat, auch in den Köpfen gesunder Schaafe, die keine Dreher gewesen wären, gefunden, und noch mehr aus seiner Bemerkung: daß das Cerebrum und cerebellum (das große und kleine Gehirn) bei solchen Schaafen, welche Würmer im Kopfe gehabt hätten, sehr schlaff und klein gefunden worden sey, und sich die Schlaffheit auch auf das Rückenmark erstreckt habe. Vermuthlich waren diese Theile bei dem todten Thiere, wegen Mangel an Zufluß, damals schon zusammengefallen, wie er die Köpfe öffnete, und die Würmchen hatten also um so leichter ihren Weg dahin finden können.

Zweites Kapitel.

Erfahrungen darüber, welche Lämmer am meisten von der Drehsucht befallen werden, in welcher Lebensperiode dieselben gemeiniglich daran leiden, und in welcher Jahrszeit sich die Krankheit am gewöhnlichsten äußert.

§. 4.

Welche Lämmer gewöhnlich an der Drehsucht leiden.

Eine langjährige Erfahrung hat mich belehrt, daß nicht die Schwächlinge, sondern gerade die **muntersten und kräftigsten** Lämmer, sie mögen auf Bergweiden, oder in Ebnen, in schattigen Gegenden, oder in der Sonne gehütet, bei feuchter Frühlings-Witterung im Stalle gefüttert, oder aber in das Freie hinausgetrieben werden, sie mögen früh abgesetzet, oder lange an der Mutterbrust gelassen seyn, in die Drehkrankheit verfallen. Diese Erfahrung konnte ich um so eher machen, da ich in 30 Jahren 5 ansehnliche Schäfereien unter meiner Aufsicht hatte, wovon 3 aus verschiedenen Arten gewöhnlichen Landviehes, und 2 aus veredeltem und Landvieh gemischt waren; wovon die ersten mit minderer Vorsicht, die letztern aber mit großer Vorsicht im Stalle behandelt, und vor der rauhen und nassen Frühlingswitterung verwahrt, auch mit recht gesundem und nahrhaften Futter nebst ihren Müttern genährt wurden; da ich von jeher viel Achtsamkeit auf die Schäfereien wandte, und mich auch häufig um die Behandlung und das Schicksal fremder Schäfereien bekümmerte.

§. 5.

In welcher Lebens-Periode die Lämmer am gewöhnlichsten in die Drehkrankheit verfallen, und zu welcher Jahrszeit sich das Übel gemeiniglich äußert.

In dem ganzen 30jährigen Zeitraume, worin ich die böse Krankheit so häufig beobachtete, sah ich noch nie ein Lamm vor dem 5ten Monate seines Lebens drehend werden, und der Beobachter Fink giebt das nämliche an, wenn er sagt: „ehe die Lämmer 4 völlige Monat alt „gewesen sind, habe ich kein krankes Lamm dieser „Art gehabt."

Wenn demnach in der Riemisch-Reutterschen Abhandlung §. 8. gesagt wird:

„Im ersten Frühlinge — denn an den mei„sten Orten fallen die Lämmer im Märzmo-

„nate, wo sie früher kommen, da gilt dann „alles, was hier folgt um so mehr, weil es „nun noch kälter ist — also im Frühlinge „kann man sogleich das Irrgehen und Dre- „hen veranlassen, wenn man die jungen Läm- „mer nicht alsbald, wenn sie nach der Ge- „burt trocken geworden sind, an die Kälte „gewöhnt, sondern zu warm hält u. s. w." So giebt mir dies einen neuen Beweis, daß die Herren Verfasser mehr nach ihren theoretischen Ideen geurtheilt, als viele und genaue eigne Erfahrungen über die Drehsucht der Schaafe gemacht haben.

Das gewöhnlichste Alter, worin sich die Krankheit bei den Lämmern einstellt, ist der 8te Monat ihres Lebens, seltner der 7te, und noch seltner der 6te und 5te Monat; eher der 9te, 10te, 11te und 12te. Gerade dann, wenn die Lämmer in die offnen oder abgeerndteten Felder kommen, und kräftige Nahrung genießen, pflegt die böse Plage unter ihnen einzutreten und Verheerungen unter ihnen anzurichten.

Sehr selten sah ich Lämmer nach dem zurückgelegten ersten Lebensjahre, und noch seltner ältere Schaafe in diese Krankheit verfallen, und ich muß auch darin Hrn. Fink völlig beipflichten, wenn er sagt:

„Wenn im 1sten Jahre von 100 Stück 5 „bis 10 St. Dreher werden, so trifft sol- „ches im 2ten Jahre von 200 St. etwa 1

„oder 2 St., im 3ten Jahre von 500 St.
„1 St., und im 4ten Jahre wird von 1000
„St. kaum 1 St. mit dieser Krankheit
„befallen."

Auch finde ich dessen Beobachtung sehr richtig: daß die Krankheit bei den Quesenköpfen ein oder zwei Tage vor eintretendem Sturm- oder Regenwetter sehr zunehme, daß die Kränkler ohnmächtig werden, sich ganz ausgestreckt hinlegen, und nicht fressen und saufen, nicht auf den Beinen stehen können, und bei herannahender heiteren und gedeihlichen Witterung wie neugeboren aufstehen, und einige Wochen lang fast wie gesunde Schaafe sich benehmen; wenn nicht etwa eine neue merkliche Luftveränderung sie abermals schwächt und von neuem krank macht *).

*) Daß auch Lämmer als Dreher zur Welt kommen können, will ich zwar nicht geradezu ableugnen, weil Hr. Riem, §. 64. der oftberührten Abhandl. bestimmte Fälle angiebt, wo er solches erfahren hat; allein es ist dies gewiß höchst selten der Fall.

Drittes Kapitel.

Prüfung der bisher angenommenen Krankheitsursachen, und Angabe der mir bishiehin wahrscheinlichsten näheren und ferneren Ursachen des Übels.

§. 6.

Prüfung der bisher gemeinhin angenommenen Krankheitsursachen und Zweifel dagegen.

Die Herrn Riem und Reutter, und viele andere mit ihnen, scheinen den Grund des Uebels in einem allgemeinen asthenischen Zustande, in Verdorbenheit der Säfte u. dergl. zu suchen und leiten diesen, oder diese, dann von zu warmen Ställen, Zuwarmhalten der Lämmer in den ersten Lebenstagen und Monaten, ungesundem Futter, zu vielem Aufenthalte der Lämmer im heißen Sonnenscheine u. dergl. her, und schließen vermuthlich auf zu starken Antrieb der Säfte nach dem Kopfe, oder glauben wohl gar, daß die Sonne, durch ihre Wärme, den Wurmstoff in dem Kopfe der Lämmer zeitige, die Würmer sich aber dann ihren kleinen Ocean selbst nach und nach schafften. Dieser Meinung kann ich aber unmöglich beipflichten, und zwar aus folgenden mir nicht unwichtig scheinenden Gründen:

1) Seit den 12 Jahren, wo ich eigne Schäfereien hatte, sorgte ich sehr angelegentlich dafür,

daß meine Ställe stets luftig und nicht zu warm, aber auch nicht zu kalt, gehalten würden; weil mich die eigne Erfahrung an meinem höchst reizbaren Körper belehrte, daß reine Luft und mäßige Wärme der Gesundheit am zuträglichsten wären; Kälte aber die jungen Thierchen so wenig stärken könne, als übermäßige Wärme. Ich sorgte übrigens nach Möglichkeit dafür, die Zugluft von den Mutterschaafen und ihren Lämmern vor allem andern abzuhalten; ich besorgte den trächtigen und milchenden Schaafen das beste und kräftigste Futter; ließ, besonders zu Heinde, nie bei rauher und nasser Frühlingswitterung das Vieh, insbesondere die Mutterschaafe und Lämmer nicht, austreiben; räumte ihnen an heiteren und schönen Tagen die besten Weiden ein, und hielt sehr strenge darauf, daß das Austreiben nie zu früh und bei noch liegendem Thaue und nassem Grase geschah. — Für diese wirkliche große Achtsamkeit hatte ich zwar die Freude, so schöne und kräftige Lämmer zu erhalten, daß jeder, der sie sahe, sich darüber freute; allein ich hatte dennoch dabei das Leiden, nicht wenige der muntersten Lämmer drehend werden zu sehen.

2) Läge der Grund der Krankheit in gemeinschädlichen Einwirkungen z. B. in der zu dumpfigten Stall-Luft, in dem Zuwarmhalten der Lämmer nach der Geburt, in der feuchten Frühlingswitterung, im zu frühen Austreiben am

Morgen, im ungesunden Futter, in der Sonnenhitze u. dergl., so würden, da diese Ursachen doch wohl auf alle Lämmer eines Stalles einwirken müßten, nicht nur mehrere davon krank werden, sondern es würde die Krankheit auch vorzüglich die schwächsten und kränklichsten befallen; indem deren Organismus doch wohl am ersten den schädlichen Einwirkungen unterliegen müßte; allein, da, wie wir oben gesehen haben, gerade die stärksten und muntersten Lämmer am ersten drehigt werden, da die Krankheit nicht alle, oder doch nicht den größten Theil der Lämmer trifft, und die nicht davon ergriffenen gar nicht kränkeln, und keine ähnliche Zufälle bekommen, so kann der entfernte Grund der Krankheit nicht in den angegebenen Ursachen liegen.

Daß das kranke Lamm oder Schaaf dummlicht und nach und nach immer sinnloser wird; daß es mager wird, und am Ende ganz abzehrt und stirbt, ist alles Folge, nicht aber Ursache des Lokal-Uebels. Der Druck der anfangs kleinen, aber immer zunehmenden Wasserblase, auf das noch überall weiche Gehirn, bewirkt theils an und für sich, theils durch den Schmerz den er verursacht, die Dummheit und Sinnlosigkeit des Thiers, und vom Fressen läßt es deshalb ab, weil die Bewegung der Käumuskeln seinen Schmerz vermehrt, wie es gerade der Fall bei den dumm- oder stillkollerichten Pferden ist. Mangel des Nahrungsstoffs, der durch das Ablassen vom Futter veranlaßt wird, zieht aber nothwendig die Abzehrung und mit ihr gänzliche Ermattung, endlich aber den Tod nach sich, macht auch das Thier unempfindlicher gegen Luft und Witterung.

Wäre die ungesunde Stall=Luft an dem Uebel Schuld, so müßte es sich früher und nicht dann erst zeigen, wenn die Thiere erst so lange die freie Luft genossen haben; so würde es in Spanien, wo doch bekanntlich die Schaafe nicht in verschlossenen Ställen, sondern unter offnen Schoppen stehn, nicht wohl eintreten können, so müßte es auch heutzutage immer seltner werden, weil man schon Schaafställe mit Dunstschornsteinen, oder einer hinreichenden Menge Klappen an den Seiten in ziemlicher Zahl findet; allein, da dasselbe sich noch immer eben so häufig zeigt als vorher, so kann der Grund davon nicht in dem Stalldunste liegen. Auch kann die zu große Stallwärme das Uebel nicht erzeugen; denn diese ist wohl heutzutage auf irgend guten Oekonomien nicht vorhanden; zu viel Wärme aber ist den jungen Thieren aller Art bei weitem nicht so nachtheilig als zu viel Kälte, besonders in den ersten Tagen ihres Lebens.

Wenn die Sonnenhitze das Uebel veranlaßte, so müßte es wohl in wärmeren Ländern häufiger seyn als in kälteren. Dies bestätigt aber die Erfahrung nicht, — und so müßte es sich in den heißesten Monaten Julius und August, am häufigsten zeigen, oder sich darin anspinnen; es zeigt sich aber erst im September und October, wo bekanntlich die Hitze schon wieder nachläßt. Nun kann man doch aber nicht wohl annehmen, daß der Wurmstoff — wenn ja Würmer das Uebel veranlassen sollen — in den heißen Monaten gezeitigt werde, und die jungen Würmchen so bescheiden wären, einen oder zwei Monate ganz ruhig und still zu sitzen und nicht zu fressen, oder zu wirken.

3) Wäre ein zerrütteter Gesundheits-Zustand, eine Verderbniß der Säfte, Antrieb derselben nach dem Kopfe u. dergl. (nach der Humoral-Pathologie von der Sache geredet) der entfernte Grund des Uebels; oder, nach neuern und richtigern Grundsätzen, wäre ein asthenischer Zustand, eine Störung der Lebensfunktionen die entfernte Krankheits-Ursache, so würde das operirte Thier, sobald ihm das Wasser aus der Blase, und folglich auch der Druck vom Gehirne fortgeschafft ist, nicht gleich wieder ganz munter seyn, und gleich dem gesunden fressen, so würde die Asthenie erst durch innere Medikamente gehoben werden müssen. Da es nun aber von Stund an wieder munter wird, gleich den andern frißt, und, wenn sich keine Blase wieder erzeugt, sich bald ganz wieder erholt, ohne daß ihm weiter innerlich etwas gebraucht wird, wie mich die Erfahrung gelehrt hat, so

muß

muß lediglich eine Lokal-Ursache das Uebel erzeugen.

4) Läge das Uebel, oder dessen entfernter Grund in dem Blute und in Verderbniß der Säfte, oder besser in einer angebohrnen, oder durch zufällige Ursachen veranlaßten Disposition zur Krankheit, so müßte sich solches durch die Zeugung fortpflanzen. Daß dieß aber der Fall nicht sey, zeigt der Finksche Versuch mit dem drehenden Bocke ganz klar, auch bestätigt solches die Erfahrung; ja es läßt sich nicht wohl denken, daß Mutterschaafe und Böcke ein Uebel fortpflanzen sollten, woran sie selbst nie gelitten haben — denn quesenköpfigte Böcke und Schaafe wird doch wohl keiner zur Zucht wählen.

Es kann also der entfernte Grund der Krankheit nicht in den bisher angenommenen Ursachen liegen.

Bemerkung: Die in Beckmanns Grundsätzen der deutschen Landwirthschaft §. 394. Not. 1. angegebene Erfahrung: daß die Drehsucht in großen Heerden öfter, als in kleinern vorkommen kann, wenn sie dahin gehen soll, daß große Heerden, nach Verhältniß, mehr Drehlinge hätten, als kleinere, das heißt: daß in großen Heerden, z. B. $\frac{1}{3}$ der Lämmer Drehlinge würden, in kleinern aber etwa $\frac{1}{4}$ oder $\frac{1}{5}$ derselben, kann ich als richtig nicht gelten lassen, da meine Erfahrung mir das Gegentheil sagt, und ich fand daß die Krankheit bei meiner kleinen Schäferei in Großen

Lobke verhältnißmäßig eben so groß, ja größer war, als bei der größern in Heinde.

§. 7.

Mir bis jetzt wahrscheinliche, entfernte und nähere Ursache der Drehsucht.

Nach mancherlei Betrachtungen, mancherlei angenommenen und wieder verworfnen Muthmaßungen, über die Entstehungs-Ursachen des Uebels, bleibt mir bis jetzo noch folgende die wahrscheinlichste: daß nämlich der erste oder entfernte Grund dazu durch heftiges Stoßen an den Kopf gelegt, dadurch aber und durch die daher veranlaßte heftige Erschütterung eine der vielen, in der Hirnmasse befindlichen Drüsen verletzt, und in ihrer Thätigkeit gestört werde, diese also ihre Absonderung nicht mehr gehörig verrichte, eben deswegen aber sich in selbiger das Wasser der Lymphe ansammle, und sich nach und nach ein immer größerer Sack, oder eine Wasserblase, bilde.

Die Gründe, welche mich zu dieser Muthmaßung — für mehr gebe ich sie nicht aus — bewegen, sind folgende:

1) Die jungen Lämmer machen schon in den ersten Monaten ihres Lebens so viele Sprünge, und laufen so unvorsichtig herum, daß sie nicht selten über und über stürzen, gegen die Horden und Pfeiler heftig anlaufen, und fallen. Kommen sie auf die Weide so setzen

sie dieß Unwesen fort, sie stoßen sich unter einander und stoßen sich bei ihrem Springen, was sie auch in den Horden häufig thun, nicht selten an die Latten der Horden, wenn sie dabei über und über stolpern. — Diesem Muthwillen sind gerade die stärksten und muntersten Lämmer am meisten unterworfen, und deshalb verletzen sie sich am ersten dadurch am Hirne; und fallen folglich am leichtesten in die Drehkrankheit.

2) Bei den jungen Lämmern ist die Hirnschaale noch dünn und zart, die verschiedenen Lagen oder lamina derselben haben noch die Consistenz und das Compakte nicht, was sie in der Folge erlangen, die rindenartige Substanz und die harte Scheidewand in der Mitte des Vorderkopfes und des großen Gehirns, welche sich in der Folge erst zu bilden scheinen, finden sich noch bei ihnen nicht, und können also den Einfluß der äußern Erschütterungen auf die weiche Masse nicht hemmen. Natürlich muß also jede heftige Erschütterung des Kopfes auf das Gehirn bei den Lämmern stärker wirken, als bei älteren Schaafen, deren Hirnschaale immer stärker und fester wird, so wie sie älter werden, und deren Hirn sich mit der rindenartigen Substanz immer mehr umkleidet. Daher wird es erklärbar, warum die Lämmer der Krankheit mehr unterworfen sind, und sie unter den Schaafen um so seltener wird, je älter sie werden;

weil bei diesen nur eine fehlerhafte Beschaffenheit der Hirnbekleidungen die Krankheit zu veranlassen scheint.

3) Das Gehirn ist, wie bereits erwähnt worden, mit einer Menge Drüsen versehen, welche durch beständige Absonderung der Lymphe dessen Feuchtigkeit unterhalten, und vielleicht eine Art von Bewegung desselben, wie ich muthmaße, erleichtern. Drüsen-Krankheiten sind aber die Schaafe bekanntlich gar sehr unterworfen, und folglich wird es wahrscheinlich, daß auch die Drüsen des Gehirns leicht erkranken.

4) Wären Würmer der Grund der Krankheit, welches ich mir auf keine Weise vorstellen kann, so würden solche, durch den Reiz den sie veranlaßten, gleich im ersten Anfange ganz andere und heftigere Erscheinungen verursachen; nimmt man hingegen an, daß die Zerrüttung einer Drüse der Grund sey, so läßt es sich leichter begreifen, warum die Krankheit anfangs geringer ist, und daß sie mit der Ansammlung des Wassers in der entstandenen Blase zunimmt; dann aber sogleich aufhört, wie das Wasser fortgeschafft ist, wenn gleich die Blase, mit ihren vermeintlichen Würmern sitzen bleibt, obgleich sonst gar keine innerlichen Heilmittel angewandt worden sind; wie mich die Erfahrung belehrt hat.

5) Wenn Würmer die erste Ursache der Krankheit wären, so würde solchen nicht anders geheilt

werden können, als wenn die ganze Blase und insbesondere die Würmer herausgeschaft worden wären, weil die Würmer bald einen neuen Reiz verursachen, und die Entstehung einer neuen Blase veranlassen würden; die Erfahrung hat mich aber belehrt, daß das Uebel, auch ohne Hinwegnehmung der Blase und der darin bemerkten kleinen Erhöhungen, geheilt werden könne, wenn man nur der Drüse, durch zweckdienliche Mittel, die ich unten angeben werde, entweder ihren Ton wieder zu geben, oder aber solche ganz unthätig zu machen weiß; auch die Riemisch-Reut. Abhandlung §. 63. S. 104. in der Note, sagt ja selbst, daß man die Blase mit den Würmern könne sitzen lassen.

6) Rührte die Krankheit von einer Zerrüttung des ganzen Organismus, und nicht von einer bloßen Lokal-Ursache her, so würden innerliche, reizende oder reizmindernde Mittel doch wohl einige Veränderung bewirken; allein dieß ist, der Erfahrung nach, nie der Fall gewesen; dagegen wirkt aber das Lokalmittel, ohne alle andere Beihülfe, so schnell und auffallend.

Alle diese Gründe bewegen mich zu der Meinung — die ich jedoch keinem aufdringen will — daß das Uebel bloß durch eine Lokalursache, durch eine heftige Erschütterung des Gehirns und dadurch verursachte Verletzung einer oder der andern, oder mehrerer Drüsen, entstehe; daß, je nachdem die Erschütterung wiederholt wird, oder heftiger ist, eine oder mehrere Drüsen verletzet, und daß, nach der Richtung welche sie nimmt, oder wovon sie ausgeht, auch an verschiedenen Stellen des Kopfes, und selbst am verlängerten Rückenmarke Drüsen verletzet werden können; daß es also ein bloßes Lokal-Uebel, und folglich auch durch Lokal-Mittel zu heilen sey. Den Einwurf, den ich mir selbst gemacht habe, und der vielleicht manchem andern einfallen wird: „wie es denn zugehe, daß in einigen Jahren sich wenige oder gar keine Drehlinge unter den Lämmern finden," glaube ich dadurch heben zu können, wenn ich die Erfahrung zu Hülfe nehme, zufolge welcher die Schaafe und Lämmer nur dann sehr unruhig sind und sich stoßen, wenn veränderliche Witterung ist, und daß also, wenn in einem Jahre diejenige Zeit hindurch, worin das Stoßen vielleicht vorzüglich schädlich seyn würde, beständige Witterung herrscht, auch wenigere an dem Uebel leiden werden.

Viertes Kapitel.

Über die vorgeschlagenen Präservative und deren Anwendbarkeit, so wie über die bisher bei der Krankheit angewandten inneren Heilmittel.

§. 8.

Würdigung der vorgeschlagenen Mittel zur Verhütung des Übels

Wer das Vorhergehende mit einiger Aufmerksamkeit gelesen hat, wird schon voraussehen können, daß ich von den vielen in der Riemisch-Reutterschen Abhandlung enthaltenen Vorbauungs- oder Verhütungsmitteln durchaus nichts halten kann. Ich will zwar den darin enthaltenen Bemerkungen über die zweckmäßige Einrichtung der Ställe und die Lüftung derselben, über die Vorsicht bei der Futterung und Hütung der Schaafe und Lämmer, über die Sorge für gesundes Winter-Futter und gesunde Weiden, Verhütung des zu frühen Austreibens am Morgen u. s. w. ihren großen Nutzen nicht absprechen, habe vielmehr die meisten derselben in meiner, in der Einleitung berührten praktischen Anleitung ꝛc. als zur Erhaltung der Gesundheit der Schaafe sehr dienlich selbst empfohlen; nur als Vorbauungsmittel zur Verhütung der Drehkrankheit kann ich sie nicht gelten lassen; weil mich meine Erfahrung belehrt hat, daß, bei genauer Anwendung aller dieser Mittel, die Krankheit sich doch einstellt. Den vorgeschlagenen Präservativ-Medikamenten kann ich aber auf keine Weise meinen Beifall geben, da ich sie nicht nur im Ganzen unanwendbar, sondern auch gar nicht zweckdienlich finde.

Wenn nämlich in der Riemisch-Reutterschen Abhandlung §. 47. gesagt wird: man solle die Schaafe alle Tage mäßig, und etwa alle halbe Jahre einmal stärker salzen, so ist dieser Rath da, wo kein Salzstein oder Steinsalz zu haben ist, durchaus im Sommer nicht zu befolgen, weil die Schaafe dann bei Nacht, wie bei Tage, im Freien bleiben, und weder an Raufen noch an Krippen kommen, noch aus Gefäßen getränkt werden; wofern man nicht etwa das sehr mißlich gefundene Salzen der Aenger einführen will, welches die Schaafe leicht dazu bringt, Erde einzulecken, und dadurch Schaden zu nehmen, auch die nicht gesalzenen Aenger zu verschmähen, ja wohl bei erregtem Durste, da, wo kein gutes Wasser in der Nähe ist, aus jeder Pfütze zu saufen; und wenn §. 48. einige Rezepte zu Pulvern vorgeschrieben werden, die man den Lämmern täglich, oder auch nur alle 8 oder 14 Tage, eingeben, oder ihnen auf das Futter streuen, oder allein zum Lecken in Krippen vorwerfen soll, so bemerke ich dabei, daß das Eingeben der Pulver, wie mich die Erfahrung auf dem von Hammersteinschen Gute zu

Equord gelehrt hat, als dort das Faulfressen, oder die Brustwassersucht unter den Schaafen herrschte, bei irgend großen Schäfereien gar nicht anwendbar ist;. daß aber das Ueberstreuen der Pulver über das Futter, im Winter nur bei geschnittenem Futter, im Sommer hingegen gar nicht anwendbar sey, und daß die Lämmer im Winter und Sommer wohl, ausser dem Salze und dem Roßkastanien-Pulver, wenig lecken möchten, wenn man es ihnen auch in Krippen vorsetzen, oder beim Saufen vorhalten wollte.

Es sind aber auch die meisten der Ingredienzien zu den Rezepten zu nichts weiter dienlich, als etwa zu reizen, und etwas mehr Appetit zu erwirken, einige wenige aber befördern wohl den Abgang des Urins, so wie die Ausdünstung. Da jedoch die Krankheit, wie ich erwiesen zu haben glaube, ihren ersten Grund, oder ihre Entstehungs-Ursache, nicht im gestörten Organismus der ganzen Maschine, nicht in allgemeiner Asthenie hat, so ist leicht zu erachten, daß die angegebenen Mittel zur Verhütung der Drehseuche nichts leisten können.

§. 9.

Über die bei der Krankheit versuchten und angepriesenen inneren Heilmittel.

Aus dem eben Gesagten läßt sich schon von selbst schließen, daß innere Heilmittel auf die

Krankheit nicht wohl Wirkung äußern können. Dieß hat denn auch die Erfahrung bewiesen. Weder Aderlassen, dieß verwünschte, von allen Veterinär-Quacksalbern von jeher gleich zur Hand genommene Mittel, noch der Gebrauch der Belladonna, noch die innere und äußere Anwendung der Wurmmittel, noch irgend ein anderes Mittel, außer der Fortschaffung des Wassers aus dem Gehirne, oder der an und in selbigem liegenden Blase, hat gegen das Dreh-Uebel geholfen; und dieß ist denn auch nicht zu verwundern, weil durch keins derselben das Wasser weggeschafft, und noch weniger der Ton der Drüse hergestellt, oder solche ganz zerstört, oder unthätig gemacht werden konnte; mithin nothwendig das Uebel fortdauren mußte. Ich wende mich deshalb zu der von mir erprobt gefundenen einfachen Operation zur Hinwegschaffung des Wassers, oder zu der einzig möglichen Heilung des Uebels.

Fünftes Kapitel.

Angabe der Methoden, wodurch der Sitz der Krankheit nicht selten glücklich entdeckt, und das Übel selbst, ohne alle künstliche Vorrichtungen und innerliche Medikamente, gehoben werden könne.

§. 10.

Wie man den Sitz der Krankheit entdecken solle, und woraus man beurtheilen könne, ob solche bei dem kranken Individuum zu heilen sey, oder nicht.

Nicht alle drehsüchtige Lämmer und Schaafe sind zu heilen, sondern nur diejenigen, welchen die Wasserblase auf einer oder der andern Seite, oder auf beiden Seiten des Kopfes, und solche denen sie in der Gegend der Stirn, am großen Gehirn liegt, also nur die Drehlinge und Traber im engeren Sinne der Worte, weil man nur bei diesen das Wasser, ohne Gefahr und Weitläuftigkeit, fortschaffen kann. Dieser sind aber zum Glück die meisten, und man wird gegen 9 Drehlinge oder Traber kaum einen Segler oder einen Kranken finden, welchem die Blase am Gehirnchen oder dem verlängerten Rückenmarke, oder dem sie in der breiigten Substanz des großen Gehirns liegt.

Vor allen Dingen muß man sich also zu überzeugen suchen, wo die Blase liegt. Dieß kann man im ersten Anfange der Krankheit nicht wohl; weil das Thier in dieser Periode nur träg und dummlicht ist, ohne zu drehen, oder zu traben. Man wartet also bis zu dem 2ten Grade, wo das Drehen und Traben anfängt, und untersucht dann von Zeit zu Zeit, durch Betastung mit den Fingern, und besonders mit dem Daumen, den Kopf des Thiers, ob sich an selbigem keine weichere Stelle in der Hirnschale finde, die man eindrücken könne. Es veranlaßt nämlich die Blase, wenn sie zunimmt, an der Stelle wo sie liegt, ein Schwinden oder Dünnwerden der Hirnschale, welches oft sehr groß ist, je nachdem die Krankheit länger gedauert hat. Wodurch dieß Schwinden verursacht werde, vermag ich so wenig zu begreifen wie Herr Fink, ja ich wage es nicht einmal, eine Muthmaßung darüber zu äußern.

Sobald man die weiche Stelle — die man jedoch in den Schläfen nicht suchen muß, wo die Hirnschale von Natur dünner ist — gefunden hat, welches bei irgend einiger genauen Untersuchung nicht schwer wird, und welches dem Geübten um so leichter fällt, weil ihm die Richtung des Kopfes schon vermuthen läßt, wo die Blase sitzet, folglich auch die weiche Stelle sich finden werde, säumt man nicht lange; denn das Thier hat in dieser Krankheitsperiode gemeiniglich schon sehr vom Futter abgelassen, und nimmt deshalb schnell an Kräften und Lebensthätigkeit ab, könnte also leicht sterben, ehe man zur Operation schritte, wenn man damit lange warten wollte; weil bei einigen Thieren die weiche Stelle ohnehin erst ziemlich spät zu fühlen ist, wenn sie eine dickere oder derbere Hirnschale haben, oder die Blase gerade in einer Gegend liegt, wo die Hirnschale, gegen die übrigen Stellen dicker ist. Man muß sich aber auch nicht übereilen und lieber einen Tag länger warten, wenn man nicht sicher ist, daß man eine wirklich weiche Stelle gefunden habe.

Erste Bemerkung. In der Riemisch-Reuttersch. Abhandl. §. 63. heißt es: daß das kranke Thier zucke, wenn man die Stelle der Blase getroffen habe, und auf solche drücke. Diesem muß ich widersprechen, denn noch nie erfuhr ich dieses Zucken, und doch untersuchte und operirte ich schon manches Schaaf oder Lamm. Wer also so lange drücken wollte, bis er dieß Zucken fühlte, würde sehr lange mit der Operation warten müssen; denn je stärker er drückte, je sinnloser und unempfindlicher würde das Thier werden. Das einzige Zeichen was ich bei den Kranken bemerkt habe, wenn man die Stelle über der Blase druckt, ist eine gewisse Bewegung der Augen, die man allenfalls ein Blinzeln nennen könnte und weiter nichts.

Zweite Bemerk. Daß die Heilung der eigentlich sogenannten Segler und derjenigen

Quesenköpfe, welchen eine oder mehrere Blasen in oder unter dem großen Gehirn liegen, ganz unmöglich sey, will ich nicht geradezu behaupten, sie scheint mir aber wenigstens so mißlich, daß man wohl thun wird, sich damit nicht zu befassen; indem sie wohl selten gelingen möchte.

Dritte Bemerk. Wenn in der eben in der zweiten Anmerk. berührten Abhandl. und dem daselbst angef. §. 63. gesagt wird: daß oft eine Menge weicher Stellen an der Hirnschale sich zeigten, so widerspricht dieß meiner Erfahrung. Ich fand nie bestimmt weiche Stellen, als da, wo die Blase unter der Hirnschale lag, jedoch habe ich schon oben bemerkt, daß die Gegend der Schläfe immer weicher, als der übrige Theil der Hirnschale sey. In dieser Gegend wird man aber die Blase wohl selten zu suchen haben.

Vierte Bemerk. Um die von mir beschriebene einfache Operation vornehmen zu können, braucht man sich nicht erst mit der äußerlichen und innerlichen Beschaffenheit des Kopfs, mit den daselbst befindlichen Blutbehältern u. s. w. bekannt gemacht zu haben; wie es Herr Riem bei der von ihm empfohlnen Methode §. 63. verlangt. Da, wo der Stich geschehen muß, sind selten, oder nie große Blutgefäße in der Haut, und die dort vorhandenen wird man deutlich genug fühlen, unter der harten Hirnschale und über der Wasserblase wird aber gewiß nie ein großes Blutgefäß liegen, oder es wird bei dem Stiche schon zur Seite weichen. Mir ist wenigstens noch nie der Fall vorgekommen, daß ein Blutgefäß von irgend einem Belange von dem Trokar getroffen wäre. Gesetzt aber, es würde eins getroffen und das Thier stürbe, so ist auf jeden Fall der Verlust nicht groß, und das Thier geht den Gang, den es ohne die Operation auch gegangen seyn würde. Eben deshalb braucht ja auch niemand bei der Operation ängstlich zu seyn.

§. 11.
Wie man sich durch die Behandlung der Dreher und Traber vor der Operation des glücklichen Ausgangs derselben mehr versichern könne.

Wir haben oben §. 2. gesehen, daß gleich bei dem ersten Anfange der Krankheit, sobald sie merkbar wird, der Patient vom Futter etwas abläßt, und daß die Freßlust mit der Zunahme der Krankheit immer abnimmt; folglich die Kräfte des Thiers, wegen Mangel an Nahrungs- und Ersatzmitteln, immer schneller abnehmen. Bisweilen wird nun selbst bei den Drehlingen und Trabern die Entkräftung schon früher, als man die weiche Stelle bestimmt fühlen kann, so groß, daß das Thier stirbt, ehe man es mit Sicherheit operiren kann. Diese Entkräftung kann man dadurch verhüten, wenn man den Kränklern, sobald sich Spuren der Krankheit zeigen, und sie vom Fressen ablassen, einen aus grobem Rocken-Mehl oder

Bohnen-Schroot und Wasser zubereiteten Trank reicht oder vorsetzt, und ihnen durch tägliche Eingießung eines aus einem Theelöffelvoll Salz und etwas Wasser bereiteten Tranks Lust zum Saufen macht, dadurch aber das Abnehmen ihrer Kräfte hemmt, und sie in den Stand setzt, so lange auszudauren, bis die Hirnschale über der Blase weich geworden ist.

§. 12.
Verfahrungsart bei der Operation und deren genaue Beschreibung.

Sobald man an dem Kopfe des Patienten die weiche und biegsame Stelle der Hirnschale zuverläßig entdeckt hat, läßt man das Thier mit allen vier Füßen zusammenbinden, damit es nicht viele Bewegung machen könne, und legt es auf einen Tisch, oder, wenn man das Binden vermeiden will, läßt man ihm von einem Knechte alle vier Beine fest zusammenhalten, und schreitet, nachdem dasselbe auf den Tisch, an einem hinlänglich hellen Ort gelegt worden ist, zu folgender ganz einfachen Operation.

Man macht mit einem scharfen Messer, oder Bistouri, einen etwa 1 Zoll langen Einschnitt mitten über der weichen Stelle, die man sich durch Aufhaltung eines Fingers bestimmt bemerkt hat. Dieser Einschnitt muß b i s d i c h t a u f d e n K n o c h e n , und d u r c h das P e r i o s t i u m , o d e r

die

die Knochenhaut, gehen. Die Haut trennt sich nun von selbst hinlänglich weit auseinander; dann nimmt man den auf der Tafel Fig. 1. nach seiner wahren Größe gezeichneten, und leicht von jedem Instrumentmacher nach der Zeichnung zu verfertigenden kleinen Trokar, den ich im folgenden Kapitel genau beschreiben werde, in die volle Hand, so daß er an der inneren Fläche des Daumens heruntergeht, setzet den Daumen in der Nähe der weichen Stelle auf die Hirnschale, damit man es in seiner Gewalt habe, so tief zu stechen, als nöthig ist, und stößt nun den mit der Hülle versehenen Trokar vorsichtig durch die weiche Stelle, bis so weit, daß man fühlt die Blase getroffen zu haben.

Hierauf kehrt man den vom Tische herabgezogenen Kopf so, daß die Hülse, welche von selbst in dem Loche stecken bleibt, nach unterhalb komme, zieht den eigentlichen stählernen Trokar heraus, und läßt das Wasser auslaufen. Ist dies geschehen, so kehrt man den Kopf mit der Hülse dann dergestalt, daß die Oeffnung wieder oben steht, und läßt durch selbige 3 bis 4 Tropfen Myrrhen-Essenz in die Wunde, oder in die Stelle der Blase fallen, um dadurch der Drüse wieder Ton zu geben, oder sie auch vielleicht ganz unthätig zu machen, und zieht dann auch die Hülse heraus, schiebt das getrennte Fell zusammen, näht ein kleines Stückchen Tuch oder Leinwand über der Wunde, an die darüber befindliche kurze Wolle, damit nichts unreines in selbige komme, und läßt nun das Thierchen losbinden, und zu den übrigen bringen, wo es dann, wenn es nicht etwa schon während der Krankheit zu matt geworden ist, munter wie die andern seyn, und an das Fressen gehen, die Wunde aber, ohne alle weitere Verbindung und ohne alle Medikamente, von selbst bald heilen wird.

Erste Anmerk. Sollte die Stelle über der Blase etwa dem Stiche widerstehen, so darf man den Trokar nur etwas hin und herdrehen, und er wird bald den Eingang finden.

Zweite Anmerk. Bei dem Stiche selbst braucht man so sehr ängstlich nicht zu seyn; denn sollte er auch ein wenig zu tief, und selbst in das Gehirn gehen, so hat dies keine Gefahr; indem, wie man weiß, dadurch keine Entzündung entsteht.

Dritte Anmerk. Hat ein Lamm oder Schaaf an beiden Seiten zugleich eine Blase, so kann man beide ohne alles Bedenken gleich hintereinander operiren, wenn man über beiden die Stelle der Hirnschale weich findet. Da ich dies bei einem und dem nämlichen Thiere zweimal hintereinander gethan, und es dennoch geheilt wurde, so kann ich meine Behauptung um so zuversichtlicher hersetzen.

Vierte Anmerk. Daß von dem Eintröpfeln der Myrrhen-Essenz die glückliche Heilung hauptsächlich abhänge, davon hat mich folgende ziemlich auffallende Erfahrung überzeugt. Ich operirte ein Lamm, welches auf beiden Seiten des großen Gehirns eine Blase liegen hatte, und unterließ, oder vergaß vielmehr, Myrrhen-Essenz in die Wunden zu tröpfeln. Das Thierchen wurde zwar besser und fing wieder zu fressen an, allein bald erkrankte es wieder, und in vier Wochen waren beide Blasen wieder da, und zugleich die Krankheit im vollen Grade. Ich schritt deshalb zur zweiten Operation; weil das Lamm noch Kraft genug hatte, goß bei dieser die Paar Tropfen Myrrhen-Essenz in jede derselben, und das Thier wurde munter gleich den gesunden, und blieb es.

Fünfte Anmerk. Außer dem Eintröpfeln der bemeldeten Essenz ist durchaus weiter keine innerliche oder äußerliche Medizin nöthig. Das durchgeschnittene Fell bedeckt, durch sein Zusammentreten und mäßiges Anschwellen, das kleine Loch der Hirnschale völlig, und die austretende plastische Lymphe leimt es gleichsam zu. Die Knochenlücke füllt sich bald wieder aus, und in 14 Tagen ist, ohne alle in der Riemisch-Reutterschen Abhandlung §. 63. vorgeschlagenen kalten Umschläge und alle Klistire, ja ohne alle vorsichtige Absonderung des Patienten, alles wieder völlig geheilt, und nichts an dem Thier weiter zu spüren, wenn man sonst das Wasser rein hat heraus laufen lassen, und nicht etwa noch eine andere Blase da ist; welches ich jedoch noch selten, oder gar nicht erfahren habe.

Sechste Anmerk. Bei rauhköpfigen Schaafen oder Lämmern thut man wohl die Wolle da, wo man den Stich anbringen will, in einigem Umfange abzuscheeren, ehe man zur Operation schreitet, sowohl um den Schnitt desto ungestörter machen, als auch um die nachherige Bedeckung der Wunde desto besser anbringen zu können. Den Schnitt in die Haut halte ich aber für sehr nöthig, theils um den Stich sicherer zu machen, theils um die nervigte Knochenhaut desto zuverläßiger zu durchschneiden, und theils und hauptsächlich aber, um der gebohrten Knochen-Oeffnung eine natürliche Bedeckung wieder zu verschaffen.

§. 13.

In wiefern meine Heilmethode von der Riemisch-Reutterschen und von andern abweiche, und was von dem Sauge-Trokar zu halten sey.

Daß meine Heilmethode sowohl wegen ihrer Einfachheit und Unkünstlichkeit von der Riemisch-Reutterschen, als auch wegen der Eintröpfelung der Myrrhen-Essenz, und in einigen andern Stücken von allen übrigen bisher vorgeschlagenen Heilungsarten abweiche, wird jeder aufmerksame Leser schon von selbst bemerkt haben, und ich darf deshalb nicht fürchten, für einen Aufwärmer schon bekannter Sachen gehalten zu werden. Um jedoch den geneigten Leser noch mehr zu überzeugen, daß ich bei meinen Versuchen meinen eignen Gang ging, will ich noch folgende Bemerkungen hinzufügen:

1) Das Eintröpfeln der Myrrhen-Essenz, welches ein wesentliches Erforderniß der glücklichen Heilung ist, finde ich nirgends angeführt. Dagegen aber manche ganz unnütze Verhütungsmittel, und manche eben so unnütze Heilmittel nach der Operation empfohlen.

2) Daß man die glückliche Operation durch eine nahrhafte Tränkung der Patienten u. dergl. sichern solle, davon sagt weder Riem, noch sonst jemand, und doch ist dies oft sehr nöthig, um die schwachen Kranken bei den erforderlichen Kräften zu erhalten, wenn die Stelle der Hirnschale über der Blase nicht schnell genug weich werden will.

3) Der bei der Riemisch-Reutterschen Abhandlung gezeichnete Trokar ist bei weitem zu dünn, und veranlaßt eben dadurch, daß er eine zu kleine Oeffnung macht, gar leicht, daß das Wasser aus der Blase nicht rein

ausfließt: Mein einfacher Trokar, den ich unter mehrern, wegen seiner verhältnißmäßigen Dicke und schlanken Spitze, einzig brauchbar fand, und nach mehreren mißrathenen, meiner eignen Angabe gemäß, von dem Instrumentmacher Remm in Braunschweig verfertigen ließ, verhütet eben dadurch, daß er die Oeffnung hinlänglich groß, jedoch nicht zu groß macht, das Zurückbleiben alles Wassers in der Blase, und das zu langsame Zuheilen der Wunde.

4) Den Gebrauch des Saugetrokars halte ich, meiner Erfahrung nach, nicht nur für unnöthig, sondern selbst für sehr mißlich, ob ich gleich Anfangs sehr für die Idee eingenommen war, und die Vorrichtung des Saugens mit meinem Trokar zu verbinden suchte, um die Blase desto sicherer zu bekommen. Unnöthig ist er, weil, wenn die Oeffnung der Hirnschale groß genug ist, das Wasser der Blase, wofern man dem Kopfe des Kranken die gehörige Lage gegeben, und ihn lange genug darin gelassen hat, rein genug abfließt und das wenige, was etwa noch zurückbleiben mögte, durch die Myrrhen-Essenz unschädlich gemacht wird, die Blase aber nicht fortgeschafft zu werden braucht. Mißlich ist er, weil, wenn das Anziehen des Saugers irgend zu stark geschieht, dadurch

leicht ein neues Uebel, nämlich eine neue Erschütterung des Gehirns, veranlaßt werden kann, da der Zug des Saugers, wegen des entstehenden luftleeren Raums, auch gar zu leicht nachtheilig wirkt, und einen Theil des Gehirns oder seiner weichen Bedeckung mit anzieht.

5) Das Trepaniren der Schaafe, besonders so, wie es die Schäfer machen, ist eine viel zu mißliche Operation, und macht eine viel zu große und unreine Oeffnung in der Haut und in dem Knochen, als daß es mit meiner weit einfacheren Operation verglichen werden könnte, und das Herausziehen der Blase mit einem kleinen Häkchen, oder durch das Heraussaugen vermittelst eines Bohnenstängels, ist nicht nur eine sehr häkliche, sondern auch, wie mich die Erfahrung gelehrt hat, sehr unnütze, ja schädliche und barbarische Operation. Die nach Beckm. Grunds. der teutsch. Landwirthschaft §. 394. in der Note, vom Hrn. Dir. Havemann für zuträglicher gehaltene Oeffnung des Gehirns mit einem Messer und Herausnahme der Blase, ist aber gar nicht gut anwendbar, oder man müßte wieder zu der fatalen Methode einiger Schäfer schreiten, den Schnitt, nach Herausziehung des Messers, durch einen kleinen Keil offen zu halten. Der sonst

so verdiente Hr. Havemann scheint also hier nicht aus Erfahrung geredet zu haben.

6) Daß meine Methode von dem in Riems Abhandl. §. 57. beschriebenen gewöhnlichen Trokariren gar sehr verschieden und weit einfacher sey, wird jeder finden, der jene Operations-Beschreibung mit der meinigen vergleicht. Jene Art der Trokarirung mag auch vielleicht, wie der Hr. Hofrath Beckmann, an dem eben angeführten Orte, behauptet, bei gehörnten Schaafen nicht anwendbar seyn, die meinige ist es sicher. Alles, was gegen jene Methode in Riems Abhandl. §. 58 und 59. gesagt worden, ist völlig richtig, und deshalb stimme ich demselben gern bei.

Sechstes Kapitel.

Genaue Beschreibung des von mir bei der Heilung der Drehlinge gebrauchten Trokars, und seines Gebrauchs; auch von der vorsichtigen Aufbewahrung desselben.

§. 14.

Genaue Beschreibung des einfachen, von mir gebrauchten Trokars, und Anführung der Gründe, warum er so und nicht anders seyn muß.

Um die einfache Operation mit dem Trokar auf eine leichte Art und mit dem gehörigen Erfolge vornehmen zu können, ist es nöthig, ihn nach folgenden Regeln einrichten zu lassen:

1) Er muß, sammt dem Helse oder Griffe, nicht zu lang, und nicht über 4½ Zoll lang seyn; weil man sonst, wenn man den Griff in die volle Hand nimmt, den Daumen nicht, in die Nähe des zu machenden Loches, auf die Hirnschale setzen, und eben dadurch den Stich nicht mäßigen, d. h. das zu tiefe Eindringen des Instruments nicht genug verhüten kann.

2) Er muß, sammt der Hülle, nicht zu dick und nicht dicker, als ein gewöhnlicher starker Gän-

sefederkiel seyn, damit die Oeffnung nicht ohne Noth zu groß, und größer werde, als erforderlich ist.

3) Die dreieckige Spitze an dem Stahle muß gehörig schlank und scharf, auch nicht zu lang seyn, damit man damit desto leichter durch die Hirnschale kommen könne, ohne jedoch zu tief einzudringen.

4) Die Hülle muß am Grunde, oder Ende, der dreischneidigen Spitze dicht anliegen, und schlank zugefeilt seyn, damit sie ohne Beschwerlichkeit mit in die Oeffnung des Hirnknochens hineindringe, und darin fest sitzen bleibe.

5) Die Hülle muß nicht, wie bei dem Rindvieh-Trokar durchlöchert seyn, weil dies ganz dem Hauptzwecke, das Wasser dadurch abzulassen, entgegen seyn würde.

Kurz, das Instrument muß genau so gemacht seyn, und ganz genau die Verhältnisse haben, welche die auf der beigefügten Kupfertafel unter 1, 2 und 3 enthaltenen Figuren darstellen.

Anmerkung. Den Riemisch-Reutterschen Sauge-Trokar finde ich zu lang, um ihn in die Faust fassen, und doch bei dessen Gebrauche den Daumen auf die Hirnschale setzen zu können.

§. 15.

Noch ein Wort über den gehörigen Gebrauch desselben.

Wer nur irgend mit Pfriemen oder dergleichen vorsichtig zu stechen gelernt hat, wird finden, daß es zu dem vorsichtigen Gebrauche des von mir beschriebenen Instruments erforderlich sey, die Spitze des Daumens neben der zu machenden Oeffnung auf die Hirnschale zu stemmen; weil man nie seinen Stich so gut abmessen kann, als wenn man durch das Aufsetzen des Daumens auf eine feste Stelle einen sicheren Stützpunkt für die Hand gewonnen hat. Mit dieser Stützung des Daumens verträgt sich auch das unbedeutende Hin- und Herdrehen des Trokars in den Fällen, wenn die Hirnschale noch etwas fest seyn sollte, sehr gut; wäre hingegen das Instrument zu lang, so würde dies Drehen zu beschwerlich werden. Wollte man aber ohne Aufstützung des Daumens stechen, oder bohren, so würde man leicht zu viel Kraft anwenden, und ohne Noth oft tief in das Gehirn eindringen, welches man, obwohl es nicht so sehr schädlich ist, doch immer gern vermeidet.

§. 16.

Von der vorsichtigen Aufbewahrung des Instruments.

Jedes chirurgische Werkzeug erfordert zur Beförderung seines zweckmäßigen Gebrauchs vor allen Dingen, daß es gehörig scharf und vom Roste rein bewahrt werde. Beide Zwecke erreicht man bei dem Trokar am besten dadurch, wenn man ihn in ein weiches Stück Kork steckt, indem dadurch nicht nur dessen Abstumpfung, sondern auch dessen Verrostung am sichersten und einfachsten verhütet wird. Eben deshalb habe ich es nicht für überflüssig gehalten, diese Aufbewahrungsart des Trokars hier zugleich mit zu berühren.

Weiter glaube ich nichts hinzufügen zu dürfen, und schließe deshalb diese Abhandlung mit dem herzlichen Wunsche:

„daß sie viel Nutzen stiften, und zu Verminderung der Sterblichkeit unter den so „nützlichen Schaafheerden beitragen möge,"

und mit der Bitte:

„daß man mir für meine offenherzige Bekanntmachung dieser sehr nützlichen Heilungsmethode die Gefälligkeit erzeigen möge, deren glückliche Erfolge, woran ich, „wenn die Heilung vorschriftsmäßig unternommen wird, nicht zweifle, in öffentlichen „Blättern bekannt zu machen, um dadurch

„mißtrauische Gemüther zur Nachahmung
„zu reizen, und den Zweck, den ich bei der
„Bekanntmachung hauptsachlich vor Augen
„hatte, und am Schlusse der Vorerinnerung
„angegeben habe, destomehr zu fördern,"

füge auch zu dem Ende die aufrichtige Versicherung hinzu:

„daß ich jedem, dem etwa noch die Be-
„schreibung der wahrlich sehr einfachen Ope-
„ration, wider Vermuthen, nicht deutlich
„genug seyn möchte, gern die nöthig scheinen-
„den Erläuterungen geben werde, wenn er
„sich in portofreien Briefen an mich wendet."

Zugabe zu der Anweisung, wie man die Drehkrankheit der Schaafe heilen könne.

Während meines Aufenthalts in Heinde hatte ich das Vergnügen, die persönliche Bekanntschaft des denkenden Verfassers der obigen Abhandlung zu machen. Unser Gespräch fiel auf dieselbe, weil eben die Aushängebogen davon eingesandt waren; und der bescheidene Verfasser wünschte von mir zu wissen, in wie fern seine, über das Entstehen und die Heilung der Drehkrankheit, geäußerten Ideen, mit der medizinischen Theorie und Erfahrung übereinstimmten.

Mehrere analoge Krankheits-Zustände des Gehirns, die ich bei Menschen zu bemerken Gelegenheit hatte, und einige Punkte in der Abhandlung, worin ich nicht mit ihm übereinstimmen konnte, veranlaßten mich ihm folgende Bemerkungen schriftlich mitzutheilen, um sie der Abhandlung beifügen zu können.

Mit demjenigen, was im §. 7. von der ihm jetzt wahrscheinlichen ersten und entfernten Ursach der Drehsucht, nemlich daß der erste Grund in einer durch heftiges Stoßen veranlaßten heftigen Erschütterung des Gehirns liege, u. s. w. gesagt ist, kann ich nicht anders als übereinstimmen; weil, besonders bei noch zarten und nicht vollkommen ausgebildeten Hirnschädeln, die das Gehirn umgebenden feinen Häute, die Arachnoiden und pia mater, durch jede heftige Gewalt die auf den Kopf wirkt, nicht nur eine nachtheilige dynamische Wirkung erleiden müssen; sondern auch selbst dadurch eine mechanische Verletzung und partielle Zerstörung des Zusammenhanges der innern Theile verursacht werden kann.

Dies lehrt die Erfahrung, dies ergeben die täglichen Erscheinungen, die man erfolgen sieht, sobald eine Gewalt auf den Hirnschädel gewirkt hat. — Nicht nur Atonie oder Erschlaffung der Gefäßhäute des Gehirns, sondern auch eine mit Ergießung der Säfte verbundene Zerreißung derselben, sind sehr oft die Folgen gewaltsamer Erschütterungen. — Dies beweisen auch noch mehr diejenigen Fälle, wo selbst in der eigentlichen Hirnsubstanz, nach lange vorhergegangenen Erschütterungen des Schädels, aus der dadurch wahrscheinlich entstandenen Trennung oder Zerreißung einiger Gefäße, und der regellosen oder krankhaften Thätigkeit der Organe, sich ganz einige Producte bilden, welche Krankheits-Zustände veranlassen, auf deren Ergründung der denkendste und erfahrenste Arzt Verzicht leisten muß, und deren Heilung außer den Grenzen seiner Kunst liegt. —

Wenn hingegen der Herr Verfasser Nr. 3. jenes §. annimmt, daß die nach der starken Erschütterung des Gehirns eintretenden Erscheinungen ihren Sitz besonders in einer Drüse hätten, und stets eine Drüse erfordert würde, um die Wasserblase zu bilden, die in ihrer Organisation gestört, oder in ihrer gewöhnlichen Thätigkeit gehemmt sey, wenn er überhaupt eine Menge von Drüsen im Gehirne annimmt, so kann ich ihm darin nicht beipflichten.

Auch die feinsten anatomischen Zergliederungen und die trefflichsten Präparate älterer und neuerer Zergliederer, eines Haller *), A. Monro **), Sömmering ***), J. G. Walter †) zeigen uns außer denen in der dura mater liegenden glandulis Pachioni, der auf der sella turcica gelagerten glandula pituitaria, und der zwischen den corporibus quadrigeminis sich befindenden glandula pinealis keine einzige Drüse im menschlichen Gehirn, und ich kann daher mit Recht zweifeln, daß in dem Gehirn der Lämmer mehrere Drüsen dürften angetroffen werden, da auch

*) Elementa phys. T. 4.

**) Observ. on the structure and functions of the nervous system, und dessen three treatises on the Brain, the Eye etc. London 1797.

***) De basi encephali. Diss. Götting 1778.

†) Tabulae nervorum thoracis et abdominis. Berl. 1783.

auch die vergleichende Anatomie bei andern Thiergattungen, wo sie weit höher als bei den Köpfen der Lämmer und Schaafe gestiegen ist, uns von dem Daseyn mehrerer Drüsen im Gehirn der Thiere nicht benachrichtigt hat.

Aus diesem einzigen Grunde, ohne andrer zu bedürfen, folgt schon, daß die Ursache und der eigentliche Grund und Sitz der Krankheit, nemlich die Veranlassung der Wasserblase, nicht in einer krankhaften Drüse zu suchen sey.

Was bedarf es aber auch einer solchen Drüse, um sich die sämmtlichen Erscheinungen bei der Krankheit anatomisch, physiologisch und pathologisch richtig erklären zu können? —

Wir sehen ja im menschlichen Gehirn, nach äußern heftigen Einwirkungen auf den Schädel, welche durch Stoß, Fall, Quetschung und dergl. veranlaßt werden, ähnliche Erscheinungen: Schwindel, Betäubung, Sinnlosigkeit, schlagähnliche Zufälle, ja selbst den Tod entstehen. Wir finden ja bei Eröffnung des verletzten Schädels, und Untersuchung des darunter liegenden Gehirns, Ergießungen von Wasser, Blut und Eiter, — ja wirkliche Eitersäcke. — Die Erfahrung lehrt uns, daß Erschütterungen des Kopfes, durch Fallen, Schlagen und dergl. bei Kindern leicht den Grund zur nachherigen Hirnwassersucht legen können. Wir finden nach dem Tode solcher Kinder, bei Eröfnung des Schädels, oft eine ausgebreitete Unordnung und größere Destruirung des Lymphsystems, folglich allgemeine Wassersucht; oft aber eine beschränktere Zerrüttung etlicher Hirntheile, und alsdann nur partielle Wassersucht einer Halbkugel oder eines Ventrikels. — Was hindert uns also dies auch bei dem Gehirn zarter Thiere, und besonders bei Lämmern anzunehmen? Es treffen ja bei diesen so viel Gelegenheitsursachen zusammen. Sie haben ja eine ganz eigenthümliche Anlage zu Krankheiten des Lymphsystems! —

Es ist also augenscheinlich, und die Beobachtungen des Hrn. Verfassers der Abhandlung weisen bestimmt darauf hin: daß eine durch die Erschütteung veranlaßte Schwäche oder Zerreißung kleiner lymphatischer Gefäße, den ersten Anfang oder den Grund zur Bildung der Wasserblase lege.

Denn nach der ersten Bemerkung des 3ten §. fand er ja die eigentliche mechanische Ursache der Krankheit, nemlich die Blase, äußerst selten, zwischen oder unter der breiartigen Masse des Gehirns, und am öftersten in der pia mater, auf der weichen Hirnmasse, oder am kleinen Gehirn und am Rückenmarke.

Diese Wasserblase ist demnach entweder ein durch die Erschütterung geschwächtes, lymphatisches und zur Blase allmählig ausgedehntes Gefäß; oder was mir wahrscheinlicher ist, eine durch

Zerreißung kleiner lymphatischer Gefäße *) anfänglich im geringen Grade ausgetretene und nachher allmählig vermehrte wäßrige Lymphe, um welche sich, wie es im organischen Körper oft geschieht, eine blasenähnliche Hülle, eine Pseudo-Membran aus dem nahen Zellgewebe bildet.

Gehen wir nun nach dieser Voraussetzung und Erklärung alle Symptome, alle Erscheinungen der Krankheit, von ihrem Anfange bis zu ihrem Ende durch, betrachten wir die öftere Lage und den Sitz der Blasen, ihre Verbindung mit mehrern kleinern, die, wenn sie auch nicht immer vorkommen, doch offenbar auf eine krankhafte Veränderung im Lymphsystem hindeuten: sehen wir dabei auf die glückliche Anwendung der Operation, als eines ganz örtlichen Mittels, auf ihre glücklichen Folgen bei der nachherigen Anwendung der Myrrhen-Essenz, als eines reizenden, die Thätigkeit und Einsaugungskraft der lymphatischen Gefäße erhöhenden Medikaments; betrachten wir dabei die in der 4ten Bemerkung des 12ten §. der Abhandlung angeführte Rückkehr des Uebels, bei unterlassener Anwendung derselben, und die gänzliche Heilung der Krankheit, bei dem nachhe-

*) Das Daseyn lymphatischer Gefäße im Gehirn hat sich bereits bewährt gefunden (Vid Mascagni de vasis lymphat. Tab. 27. Fig. 1—3.) und das Erzeugen tendinöser Häute um andre abnorme Massen im organischen Körper ist bekannt.

rigen Gebrauch der Essenz; so finden wir in diesem allen die deutlichsten Beweise, für die nach richtigen physiologischen und pathologischen Grundsätzen von dem Verfasser entwickelte, und auf rationelle Empyrie gebaute neue Theorie, dieser so lange verkannten Krankheit, und für die, von ihm empfohlene zweckmäßige und dabei leichte und sichere Behandlungsart derselben.

Das Dünnwerden oder Schwinden der Hirnschale an der Stelle, wo die Blase liegt, welches sich der Verfasser, nach seiner im 10ten §. der Abhandlung enthaltenen Aeußerung eben so wenig, wie Herr Fink zu erklären weiß, ergiebt sich sehr leicht, sobald wir Folgendes erwägen.

Die Blase drückt bei der beständigen Bewegung des Gehirns, welche während des Lebens-Prozesses unaufhörlich statt findet, gegen die dünne Knochen-Lamelle, und die sie ernährende Beinhaut. Dadurch wird der Kreislauf der Säfte in dieser gestört, und das Hinführen und Zuleiten der zur Ossification nothwendigen, im Blute vorhandenen, und an dieser Stelle abzusetzenden Reproductions-Stoffe, als Kalkerde nnd Phosphorsäure, verhindert und gehemmt, und die nothwendige Folge ist das Schwinden des Knochens an dieser Stelle, welches um destomehr überhand nehmen muß, jemehr die Blase am Umfange zunimmt, und sich dadurch der Druck verstärkt.

Bei der den 5ten §. hinzugefügten Note,

glaube ich noch bemerken zu müssen, daß der Satz: Lämmer könnten als Dreher zur Welt kommen, eben nichts paradoxes enthalte. — Es können nemlich unvollkommene Ausbildung und kränklicher Zustand des Fötus, oder rüde Behandlung der Schäfer bei der Geburt der Lämmer, leicht die erste Gelegenheit zu der nachher sich ausbildenden Krankheit geben.

Zum Beweise: wie stark äußere Gewalthätigkeiten auf den Hirnschädel, auch nach einer langen Reihe von Jahren ihren Einfluß äußern, und daß sie im Gehirne selbst, abnorme Erscheinungen veranlassen können, möchte übrigens folgende von mir selbst gemachte Erfahrung, hier wohl nicht am unrechten Orte stehen.

Ein junger, vorher sehr gesunder Mensch, von 16 Jahren, hatte das Unglück in seinem 10ten Jahre, von einer Höhe von 16 Fuß, gerade auf den Kopf zu stürzen. — Die sich zeigenden sehr heftigen Zufälle, und äußerlichen Wunden am rechten Stirnbeine, wichen zwar bald einer zweckmäßigen Behandlung, und heilten glücklich. Indeß fing er jedoch nicht lange nachher an, über heftige Kopfschmerzen zu klagen, die sich allmählig mit Schwindel, Unlust, Mattigkeit, Stumpfsinn, Vergessenheit und starken Hang zum Schlafe vergesellschafteten.

Aller, bei der Hartnäckigkeit und allmähligen

Zunahme der Zufälle, nach der Idee eines örtlichen Fehlers im Gehirne berechneten Mittel ohnerachtet starb der Kranke, nach einem ziemlichen Zeitraume, und nach vielen abwechselnden Leiden, soporös.

Ich hatte das Glück, ihn im Beiseyn vieler angesehener Aerzte, zu öfnen, und fand auf dem rechten Seiten-Ventrikel, einen mit sehr starken tendinösen Häuten umgebenen, gänzlich verschlossenen Eitersack, von der Größe eines Tauben-Eies. Dieser enthielt ein übelriechendes eiterähnliches Fluidum, war ganz von der substantia medullaris umgeben, ziemlich fest mit ihr verbunden, und hatte seinen Sitz auf dem centro semiovali Vieussenii, so daß er schwer davon zu trennen war. Die Höle dieses Ventrikels war in ihrem Umfange sehr verkleinert, die übrigen Theile des Gehirns aber im natürlichen Zustande.

Hannover, den 17. Aug. 1805.

Sergel,
Doctor und Staabschirurgus.

FSC
www.fsc.org
MIX
Papier | Fördert gute Waldnutzung
FSC® C083411

Zeitfracht Medien GmbH
Ferdinand-Jühlke-Straße 7
99095 Erfurt, Deutschland
produktsicherheit@kolibri360.de